OXFORD
LATIN COURSE I
WORKBOOK

Maurice Balme & James Morwood

OXFORD UNIVERSITY PRESS 1992

INTRODUCTION

This is your own workbook to help you through Part 1 of the Oxford Latin Course. As well as written and oral exercises there are puzzles and word games – all intended for your practice and enjoyment of the Latin language. You can write the answers to most of the exercises in the spaces left for you: for the others you will need separate paper or no paper at all.

Gaudete!

Oxford University Press, Walton Street, Oxford OX2 6DP

Oxford New York Toronto
Delhi Bombay Calcutta Madras Karachi
Petaling Jaya Singapore Hong Kong Tokyo
Nairobi Dar es Salaam Cape Town
Melbourne Auckland
and associated companies in
Berlin Ibadan

Oxford is a trade mark of Oxford University Press

© Oxford University Press 1992

First published 1992

Workbook   ISBN 0 19 912165 6
Teacher's Edition ISBN 0 19 912166 4

Acknowledgements
The authors and publishers would like to thank John Ditchfield, Julian Morgan, Jonathan Powell, Roger Rees and Gaby Wright
Illustrations by Cathy Balme
The publishers would like to thank R. L. Dalladay for permission to reproduce the photograph on page 34 and the Rev. E. Buckley for keying in the text
All other photographs were taken by James Morwood

All rights reserved. No part of this publication may be reproduced, stored in a retrieval system, or transmitted, in any form or by any means, without the prior permission in writing of Oxford University Press. Within the UK, exceptions are allowed in respect of any fair review, as permitted under the Copyright, Designs and Patents Act, the terms of licences issued by the Copyright Licensing Agency. Enquiries concerning reproduction outside those terms and in other countries should be sent to the Rights Department, Oxford University Press, at the address above.

Printed in Hong Kong

CHAPTER I

(a) *Complete the following sentences by giving the correct Latin form for the words in brackets; then translate. For example:*

Scintilla cēnam ____parat____ .   ____Scintilla is preparing dinner.____
                (is preparing)

1 Scintilla _____ vocat.
             (Horātia)

2 Horātia _____ salūtat.
            (Scintilla)

3 _____ Scintillam iuvat.
   (The* girl)

4 puer culīnam _____ sed nōn labōrat.
                 (enters)

5 Scintilla in culīnā _____ .
                       (is working)

6 Scintilla _____ vocat.
             (her** daughter)

7 fīlia _____ intrat et Scintillam _____ .
          (the kitchen)   (helps)

8 puer Scintillam _____ sed _____ nōn iuvat.
                    (greets)   (Horātia)

* omit 'the'   ** omit 'her'

(b) *The following words are derived from Latin. Fill in the blanks so that the sentence makes sense:*

| irate | culinary | response | horticulture |

Tom ran in from the garden and gave Julia a kiss. She made no _____ since she was busy cooking. Tom smelt the saucepan and said, 'Oh no! I don't think much of your _____ efforts.' She was very _____ and snapped back, 'Well, at least it's more productive than your attempts at _____ .'

(c) *Describe in Latin what is happening in this picture:*

_____

_____

_____

_____

(d)

1 How did people become slaves?

2 What was the difference between a slave and a freedman?

3 How could slaves become free?

4 Look at the picture of the Roman nobleman on page 11 of the coursebook. Why do you think he is carrying the heads of his forefathers carved in stone? See if you can find out what the robe he is wearing is called.

5 Identify as many as you can of the tools of the trade of the two freedmen in the picture on page 12 in the coursebook. Next lesson ask your teacher what is on the left of the stone. What do you think this stone was used for?

(e)

Across
1 Quīntus in Apūliā _____ . (7)
4 Scintilla _____ vocat sed puer non respondet. (7)
5 _____ in mēnsā (on the table) est. (4)
7 Scintilla _____ iānuam it. (2)

Down
2 Scintilla ad _____ it et Horātiam vocat. (6)
3 Quīntus in _____ habitat. (6)
6 Scintilla in hortum exit _____ Horātiam vocat. (2)

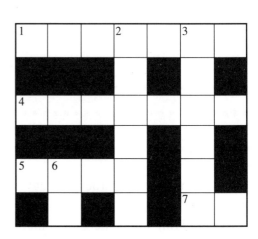

2

CHAPTER II

(a) Complete the following sentences by giving the correct Latin form for the words in brackets; then translate. For example:

Quīntus agrum __intrat__ .   __Quintus enters the field.__
             (enters)

1 puer Flaccum _____ et _____ . _____
             (sees)   (calls)

2 Flaccus fīlium _____ . _____
          (hears)

3 Flaccus _____ et _____ cōnsūmit. _____
       (sits)   (dinner)

4 Flaccus _____ laudat; _____ ad casam redit.   * omit 'the'
       (the* boy)   (the* boy)

5 Quīntus in culīnam _____ et _____ salūtat.
                 (comes)   (Scintilla)

6 Scintilla _____ sed in culīnā _____ .
         (is not working)   (is sitting)

(b) Pick out from the English translations below the ones that fit each of the following Latin words. (The exercise includes two verbs you have not learnt, but your knowledge of English will enable you to match them with the English translations):

1 audit _____   5 vocat _____   9 labōrat _____

2 venit _____   6 sedet _____   10 laudat _____

3 videt _____   7 redit _____   11 respondet _____

4 parat _____   8 spectat _____   12 salūtat _____

      she is working   she is returning   he is watching
  he replies   he sees   he hears   he is coming   she is preparing
      she praises   she is sitting   he greets   she calls

(c) *Describe in Latin what is happening in this picture:*

_____
_____
_____
_____
_____

(d)
1. What would Horace's father have grown on his farm?
   Would you have liked his way of life? Give reasons for your answer.

2. What do you think was the moral that the Romans drew from the story of Cincinnatus?

(e) *In this square, find and circle the Latin words that translate the words underlined below:*

A	P	P	R	O	P	I
B	P	U	E	R	U	M
P	R	E	M	A	N	A
F	I	L	I	U	M	I
Y	Z	L	T	L	O	X
N	S	A	G	R	U	M
E	U	M	C	A	N	E

1. The master calls the <u>boy</u>.
2. He punishes <u>him</u>.
3. The father ploughs the <u>field</u>.
4. The mother loves her <u>son</u>.
5. I love the <u>girl</u>.

(f) Which word in the following list is the odd one out: **fīliam, cēnam, iānuam, fīlium, puellam**?
Why doesn't it fit in the list?

_____

4

CHAPTER III

(a) Complete the following sentences by giving the correct Latin form for the words in brackets; then translate. For example:

Quīntus Argum vocat sed Argus nōn redit; canis __malus__ est.
(bad)

Quintus calls Argus but Argus does not come back; he's a bad dog.

1 Quīntus Argum diū quaerit; _____ est.
(tired)

2 puer sub arbore iacet et _____ ; _____ est.
(sleeps) (safe)

3 Scintilla _____ in silvam mittit; ānxia est.   *omit 'her'
(her* daughter)

4 Horātia _____ quaerit; Horātia _____ est.
(Quīntus) (tired)

5 Horātia _____ videt; Horātia _____ est.   **omit 'the'
(the** boy) (happy)

6 Scintilla fīliam _____ ; Horātia _____ est.
(praises) (good)

(b) The following words are all derived from the Latin word **labōra–t**; explain their meanings:

1 labour _____   4 laboratory _____

2 labourer _____   5 collaborate _____

3 laborious _____ 6 elaborate (adj.) _____

5

(c) *In the following phrases the adjectives (in brackets) must agree with the nouns they are describing, i.e. they must be in the same case and gender. Write in the correct form of each adjective. For example:*

___bonam___ puellam
(bonus)

1 _____ puerum   3 fīlium _____   5 viam _____
   (malus)   (fessus)   (longus)

2 fīliam _____   4 puer _____   6 silva _____
   (laetus)   (tūtus)   (obscūrus)

(d) *Describe in Latin what is happening in this picture:*

_____
_____
_____
_____
_____

(e) *What do you suppose the following Latin words mean? (Your knowledge of English will help you):*

verbs		**nouns**		**adjectives**	
persuādet	_____	familia	_____	timidus	_____
studet	_____	fēmina	_____	sevērus	_____
ascendit	_____	poēta	_____	squālidus	_____
resistit	_____	lūna	_____	pallidus	_____

(f)

1 In what ways, if any, could women could have an influence in the ancient world?

2 Why couldn't Scintilla go out to work, as women do today?

3 What qualities did Roman men admire in their wives? In three or four sentences, say how you feel men's attitudes on this subject are different today.

CHAPTER IV

(a) *Complete the following sentences by giving the correct Latin form for the words in brackets; then translate. For example:*

Scintilla ____pueros____ ad agrum mittit. ____Scintilla sends the boys to the field.____
        (the boys)

1 in viā puerī puellās _____ . _____
                     (see)

2 Quīntus _____ vocat sed _____ nōn respondent.
      (the girls)   (the girls)

3 puellae puerōs nōn _____ .
                 (hear)

4 _____ clāmant et in silvās _____ .
  (The boys)   (run)

5 puellae _____ sunt et in agrō _____ .
        (tired)   (remain)

6 Scintilla eās _____ ; ānxia _____ .
        (is waiting for)   (she is)

7 tandem Scintilla puellās et _____ videt.
                     (the boys)

8 ad casam festīnant; valdē fessī _____ .
                    (they are)

9 Scintilla eōs _____ et in casam _____ .
        (greets)   (leads)

10 puerī in hortō sedent, sed _____ cēnam parant.
                   (the girls)

7

(b) *Pick out from the English translations below the ones that fit each of the following Latin words:*

1 festīnat _____   5 vident _____   9 laudant _____

2 manent _____   6 audiunt _____   10 ascendit _____

3 audit   _____   7 parant _____   11 currunt _____

4 dīcunt _____   8 vocat   _____   12 videt   _____

```
             they say        he hears        she hurries       he is climbing
   he sees      they are preparing    they run       they hear      she is calling
                 they remain        they praise        they see
```

(c) *Describe in Latin what is happening in this picture:*

(d) *Form the plural of the following words:*

1 fīlia _____   4 fīlius _____

2 via   _____   5 ager   _____

3 silva _____   6 puer   _____

In English we usually form the plural of words simply by adding 's' onto their singular form.
Thus 'girl' (singular) becomes 'girls' (plural).
But sometimes English words change more than that – or surprise foreigners by not changing at all.

Give the plural of:

1 **goose** _____ 5 **mouse** _____

2 **sheep** _____ 6 **fish** _____

3 **ox** _____ 7 **hippopotamus** _____

4 **child** _____ 8 **man** _____

You may end up feeling that Latin plurals are less confusing than English ones can be!

(e)
1 Do you think that you would have been happy living in a Roman country town? Give your reasons.

2 You are standing for the post of **duovir** in a Roman country town. Draw a poster to boost your campaign.

(f) Have a look at the picture on page 28 of the coursebook. What is going on here? Why do you think that the women going one way have their water jugs on their sides while those going the other way have them upright?

(g) Imagine you are in a theatre: you are one of the <u>audience</u> sitting in the <u>auditorium</u>; above the door you came in by is a notice saying <u>exit</u>. Explain the meaning of the words underlined; to what Latin word is each related?
_____
_____

The play you are watching contains several <u>scenes</u> performed by <u>actors</u>; these words too come from Latin: **scaenae**, **āctōrēs**. The Romans had theatres (**theātra**) in which plays (**fābulae**) were performed, both **tragoediae** and **cōmoediae**; what is the English form of these two words?

_____
_____

A Roman theatre

CHAPTER V

(a) *Pick out from the English translations below the ones that fit each of the following Latin verb forms:*

1 spectāmus _____ 6 rogāmus _____ 11 festīnō _____

2 docet _____ 7 adveniō _____ 12 dīcunt _____

3 scrībimus _____ 8 manētis _____ 13 estis _____

4 sumus _____ 9 audīs _____ 14 facimus _____

5 sum _____ 10 currimus _____ 15 accēdō _____

> you (plural) are   we are making   we are   we write   I am
> she teaches   I arrive   we ask   I am hurrying   you (sing.) hear   I approach
> you (plural) remain   they say   we are watching   we run

(b) *Complete the following sentences by giving the correct Latin form for the words in brackets; then translate. For example:*

Quīntum *salūtāmus* .   *We are greeting Quīntus.*
        (we are greeting)

1 _____ in agrō.
   (He is sleeping)

2 cēnam _____ .
        (you (sing.) are preparing)

3 Scintillam _____ .
            (I am helping)

4 ad lūdum _____ .
           (we are walking)

5 nōn _____ fessī.
      (we are)

6 magister puerōs _____ .
                  (calls)

7 puerī nōn _____ laetī.
            (are)

8 in lūdō litterās _____ .
                   (we write)

9 cūr īrātus _____ , magister?
             (are you)

10 ad lūdum sērō _____ .
                 (you (plural) are arriving)

(c) *Describe in Latin what is happening in this picture:*

_____
_____
_____
_____
_____
_____

(d) *The following Latin terms occur in connection with Roman education. What do you suppose each of them means?*

1 ēdūcō _____

2 schola _____

3 studeō _____

4 scientia _____

5 litterae _____

(*this word could also be spelt* literae)

(e) How far do you feel that we have improved on Roman education in two thousand years?

(f) *Find and circle in this square the Latin for the following:*

we love	you hear	we are	we rule
you warn	you are	they love	he is
she loves	we sit	I love	

M	O	N	E	S	R	O
P	Q	A	M	A	T	I
R	E	G	I	M	U	S
P	S	A	M	A	N	T
S	E	D	E	M	U	S
M	S	U	M	U	S	A
A	T	E	I	S	O	M
S	A	U	D	I	S	O

11

CHAPTER VI

(a) *In the following sentences put the nouns in brackets into the correct case required by the preposition and translate. The following prepositions are used in this exercise:*

ad + accusative = to	per + accusative = through	ē/ex + ablative = out of
in + accusative = into	ā/ab + ablative = from	in + ablative = in

1 māter ē _____ exit. _____
   (casa)

2 Quīntum vocat et ad _____ mittit. _____
   (ager)

3 Quīntus per _____ currit et in _____ festīnat.
   (silva)   (ager)
   _____

4 pater in _____ labōrat. _____
   (ager)

5 Quīntus cēnam ad _____ portat et ab _____ ad _____ redit.
   (pater)   (ager)   (casa)
   _____

6 ad _____ accēdimus. _____
   (lūdus)

7 magister ē _____ exit. _____
   (iānua)

8 puerōs in _____ vocat. _____
   (lūdus)

9 puerī in _____ sedent. _____
   (sellae)

10 ā _____ domum festīnāmus. _____
    (lūdus)

(b) *Translate the following verb forms:*

1 intrō _____   6 sedēs _____

2 intrāmus _____ 7 sedet _____

3 intrant _____   8 sedē! _____

4 intrāte! _____ 9 sedēmus _____

5 intrās _____   10 sedent _____

11 scrībite! _____   16 venī! _____

12 scrībunt _____   17 veniō _____

13 scrībit _____   18 venīmus _____

14 scrībe! _____   19 venīte! _____

15 scrībimus _____   20 venītis _____

(c) *Change the following Latin phrases into the accusative case. For example:*

magna urbs ___*magnam urbem*___

1 rēx fortis _____   6 omnēs puerī _____

2 omnēs prīncipēs _____   7 multae nāvēs _____

3 nāvis longa _____   8 bonī rēgēs _____

4 pater laetus _____   9 multī amīcī _____

5 bonae mātres _____   10 pugnae terribilēs _____

(d) Latin has had an enormous influence on English literature. In one of his plays, Christopher Marlowe, who lived at the same time as Shakespeare, tells the story of Doctor Faustus. Faustus is a scholar in the German university town of Wittenberg. He sells his soul to the devil in return for 24 years of total pleasure. He wins his greatest happiness when the devil summons up for him the spirit of Helen of Troy. (Another name for Troy is Ilium. That is why Homer's poem about Troy is called the *Iliad*.)

Write brief notes on each of the names underlined, saying how they fit into the story:

Faustus: Was this the face that launched a thousand ships,
          And burnt the topless towers of Ilium?
          Sweet Helen, make me immortal with a kiss.
          I will be Paris, and for love of thee
          Instead of Troy shall Wittenberg be sacked,
          And I will combat with weak Menelaus,
          And wear thy colours on my plumed crest.
          Yea, I will wound Achilles in the heel,
          And then return to Helen for a kiss.
          Oh, thou art fairer than the evening's air,
          Clad in the beauty of a thousand stars.

(e) Fābula scaenica

Persōnae: Flāvius (magister); Quīntus, Decimus, Marcus, Pūblius, Gāius, Lūcius (puerī)

Flāvius puerōs in lūdō exspectat. intrant puerī et magistrum salūtant.

puerī:	salvē, magister.
Flāvius:	salvēte, puerī. intrāte celeriter et sedēte.
	omnēs puerī in sellīs sedent.
Flāvius:	audīte, puerī. litterās scrībite. dīligenter labōrāte.
	cēterī puerī labōrant, sed Gāius nōn labōrat; Quīntum calcat.
Quīntus:	(*susurrat*) cūr mē calcās, Gāī? asinus es.
Gāius:	(*susurrat*) tacē, Quīnte. magister nōs spectat.
Flāvius:	quid facis, Gāī? cūr nōn labōrās?
Gāius:	ego, magister? ego dīligenter labōrō et litterās bene scrībō.
Flāvius:	venī hūc, Gāī, et dā mihi illam tabulam.
	Gāius ad Flāvium adit et tabulam dat.
Gāius:	vidē, magister. ego litterās bene scrībō.
Flāvius:	litterās nōn bene scrībis, Gāī. ignāvus es. redī ad sellam et litterās iterum scrībe.
	Gāius ad sellam redit et paulīsper labōrat.
	mox duo canēs praeter lūdum currunt. Lūcius eōs per fenestram videt.
Lūcius:	(*susurrat*) vidē, Marce. illī canēs in viā pugnant.
Marcus:	(*susurrat*) nōn pugnant canēs; bonī sunt. sed tacē; magister nōs spectat.
Flāvius:	Lūcī. cūr nōn labōrās? quid susurrās?
Lūcius:	ego, magister. ego nōn susurrō sed litterās scrībō.
Flāvius:	nōn vēra dīcis, Lūcī. venī hūc.
	surgit Lūcius et ad magistrum adit.
Marcus:	nōn Lūcius susurrat, magister, sed ego.
Flāvius:	Lūcī, ad sellam redī. Marce, tacē et labōrā.
	mox puella praeter lūdum ambulat; Pūblius eam spectat per fenestram.
Pūblius:	(*susurrat*) vidē, Decime, puella pulchra praeter lūdum ambulat.
Decimus:	(*susurrat*) puellam videō; sed illa puella Horātia est, nōn pulchra puella.
Quīntus:	nōn vēra dīcis, caudex. Horātia valdē pulchra est.
	Quīntus īrātus est; Decimum calcat. Decimus eum oppugnat.
Flāvius:	quid facitis, puerī? malī puerī estis. sedēte et tacēte. cēterōs dīmittō, sed vōs, Quīnte et Decime, in lūdō manēte et dīligenter labōrāte usque ad vesperum.

cēterī the other
calcat kicks
susurrat whispers

bene well
dā mihi give me

ignāvus idle

paulīsper for a little
praeter past
fenestram window

vēra the truth
surgit gets up

pulchra pretty

caudex blockhead

usque ad vesperum until evening

CHAPTER VII

(a) *Translate each of the following phrases in two ways. For example:*

Horātiae māter __the mother of Horatia__ or __Horatia's mother__

1 Scintillae fīlius _____ or _____

2 ager Flaccī _____ or _____

3 īra rēgis _____ or _____

4 nāvēs hostium _____ or _____

5 prīncipēs Trōiānōrum _____ or _____

6 puellārum cēna _____ or _____

(b) *Put the phrases in brackets into Latin and then translate the sentences.*

1 ad iānuam _____ vēnimus. _____
          (of the school)

2 magister tabulās _____ spectat. _____
          (of the boys)

3 cūr in agrō _____ manētis? _____
          (of father)

4 _____ nāvem quaerō. _____
    (the king's)

5 Horātia _____ cēnam parat. _____
        (the dogs')

6 īram _____ nōn timēmus. _____
     (of the master)

7 Trōiānī nāvēs _____ oppugnant. _____
         (of the Greeks)

8 cūr nōn iuvās _____ mātrem? _____
        (the girl's)

9 māter verba* _____ audit. _____
        (of her daughters)

10 in nāvibus _____ nāvigant. _____
       (of the leaders)

*__verba__ words

(c) *In the following sentences fill the blank with an appropriate adverb from the list below.*

1 _____ pugnāte, amīcī, et urbem capite!

2 venī _____, amīce; pater tē exspectat.

3 labōrāte _____, puerī; magister nōs spectat.

4 Decimus litterās _____ scrībit; asinus est.

5 cūr _____ ambulās, Quīnte? festīnā.

> dīligenter   fortiter   male   lentē   hūc

(d) *Describe in Latin what is happening in this picture. You may want to use the following Latin words:*

> **uxor, uxōris** *f.* wife
> **tergum, tergī** *n.* back

(e) *Put the following words into the correct list below:*

> patrum   dominum   amīcōrum   rēgem   ducum   dominōrum   equum   puerum

accusative singular   **genitive plural**

16

(f) *The list below gives Latin nouns on the left and adjectives formed from these nouns on the right. Translate each adjective by an English adjective derived from the Latin and explain its meaning. For example:*

vir	virīlis	*virile = manly*
1 hostis	hostīlis	
2 nāvis	nāvālis	
3 rēx (rēg–)	rēgālis	
4 prīnceps (prīncip–)	prīncipālis	
5 nox (noct–)	nocturnus	
6 urbs (urb–)	urbānus	

(g)

1 Describe the scene in the illustration on page 51 of your coursebook. How effective do you find it?

2 Who thought up the idea of the Trojan horse? What does this tell us about his character?

3 If you were given the choice of Achilles, would you choose a short life with immortal fame or a long but obscure life? Give your reasons.

(h) A Trojan priest called Laocoon warned the Trojans not to take the wooden horse left behind by the Greeks. The gods, who wanted to make sure that Troy fell, sent two hideous snakes across the sea to kill Laocoon and his sons. The grisly episode is illustrated in this statue carved in Quintus's lifetime.

Describe the look on Laocoon's face. What is the sculptor aiming to convey by the way he has carved Laocoon's muscles? Do you think that it is possible to have a pleasing statue of something horrible?

(i)

Across
3 of the girlfriends (8)
5 of the boyfriend (5)
6 of the kings = REG— (2)

Down
1 of a father (6)
2 of the walls (7)
3 of water (5)
4 of the man (4)

(j) Design a book cover for the *Iliad*, or produce a publisher's blurb and excerpts from reviews to try to ensure that the poem sells!

(k) Dialogus

Julia meets Horatia hurrying towards the woods.

Iūlia: quid facis, Horātia? cūr festīnās? exspectā mē.
Horātia: festīnō, Iūlia, quod Argum quaerō; et māter mē in casā exspectat.
Iūlia: vidē! Argus in silvam currit. vocā eum.
Horātia: venī hūc, Arge. malus canis es. redī celeriter.
Iūlia: Argus nōn redit; malus canis est.
Horātia: ego fessa sum.
Iūlia: sedē, Horātia, prope viam et exspectā eum... quid facis, Horātia? cūr in terrā iacēs? dormīs?
Horātia: ego nōn dormiō; ecce, tē audiō.
Iūlia: vidē! ē silvā iam exit Argus et ad nōs redit.
Horātia: ō Arge, tandem redīs. bonus canis es.
Iūlia: venī, Horātia. Argum ūnā ad casam dūcimus.
Horātia: Arge, festīnā. bonus canis estō!

ūnā together
estō be!

CHAPTER VIII

(a) *Translate the following Latin verb forms:*

1 parāmus _____
2 parāre _____
3 parant _____
4 parāte _____
5 parātis _____
6 vidē _____
7 vidētis _____
8 vidēre _____
9 vidēs _____
10 vident _____

11 lūdō _____
12 lūdimus _____
13 lūdite _____
14 lūdunt _____
15 lūdere _____
16 audītis _____
17 audīre _____
18 audī _____
19 audīmus _____
20 audiunt _____

(b) *Pick out from the English translations below the ones that fit each of the following Latin verb forms:*

1 parat _____
2 cape _____
3 īmus _____
4 parāre _____
5 īre _____
6 sumus _____
7 capere _____

8 timēmus _____
9 dīcere _____
10 redit _____
11 iubent _____
12 gaudēte _____
13 habet _____
14 abīte _____

we are going   she returns   to go   to take   he has   go away!   take!   we fear
they order   he is preparing   to say   to prepare   we are   rejoice!

19

(c) *Put the phrases in brackets into the correct Latin form and translate:*

1 magister puerōs iubet celeriter _____ (to enter) et _____ (to sit down).

2 puerī nōn cupiunt in lūdum _____ (to go) ; cupiunt _____ (to play).

3 magister 'nōlīte lūdere, puerī,' inquit; 'dēbētis mē _____ (to listen to).'

4 puerī cōnstituunt dīligenter _____ (to work).

5 tandem magister cōnstituit puerōs domum _____ (to send) ; iubet eōs domum _____ (to return).

(d) *Describe in Latin what is happening in this picture:*

(e) *Use English words derived from the Latin words in the vocabulary list on page 60 of the coursebook to fill in the gaps. For example:*

She felt ___miserable___ when her friend was expelled.

1 Her _____ claim to fame is her tennis. Otherwise she is completely untalented.

2 He was sentenced to five years' hard _____ .

20

3   The citizens of the USA take great pride in their democratic _____ .

4   People tend to feel loyal to the country they _____ .

(f)

1   If you were in a dangerous situation, would you like to have Odysseus as your leader? Give your reasons.

2   His **Achilles' heel** was pride. We went on a long **odyssey** to India.
    What do we mean by an 'Achilles' heel' and an 'odyssey'?

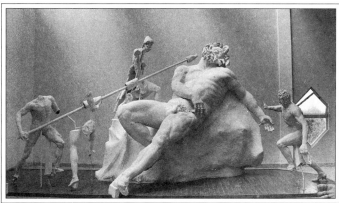

Odysseus; Odysseus and his men blinding the Cyclops; the Cyclops.

3   How do *you* imagine this one-eyed monster? Draw your own picture, or write a vivid description.

(g) Dialogus

Aeneas and his men are encamped on the shore of Sicily below Mount Etna.
Aenēās: cavēte, comitēs. quis ē silvīs ad nōs currit? vōs parāte.
Graecus: nōlīte mē oppugnāre, amīcī, vōs ōrō.
Aenēās: quis es? quid hīc facis? cūr ad nōs accēdis?
Graecus: ego Graecus sum, comes Ulixis.
Aenēās: ubi sunt comitēs tuī?
Graecus: ego sōlus sum; comitēs meī omnēs ad Graeciam nāvigant.
              sed fugite, miserī, fugite.
Aenēās: cūr tū nōs iubēs fugere? quid dēbēmus timēre?
Graecus: gigantēs immānēs hīc habitant. nōlīte manēre. nāvēs
              cōnscendite et fugite.
Aenēās: gigantēs nōn videō. nōlī nūgās nārrāre.
Graecus: ecce, gigās ingēns dē monte dēscendit.
Aenēās: dī immortālēs! gigantem iam videō. currite, comitēs.
              festīnāte ad nāvēs.
Graecus: nōlī mē sōlum relinquere. accipe mē in nāvem.
Aenēās: comitēs, dūcite hunc Graecum in nāvem. festīnāte.
              ille gigās propius accēdit.

ubi where?

nūgās nārrāre
    to talk nonsense

relinquere to leave
hunc this
propius too close

CHAPTER IX

(a) *Pick out from the English translations below the ones that fit each of the following Latin verb forms:*

1 sumus _____   6 potestis _____   11 abī _____

2 abīre _____   7 redīte _____   12 ades _____

3 possunt _____   8 adest _____   13 redīre _____

4 eunt _____   9 exit _____   14 possumus _____

5 adsum _____   10 adsunt _____   15 adeunt _____

> they approach   we are   they are present   go back!   we can
> you are present   you can   to go away   to return   they can   I am present
> go away!   she goes out   they are going   he is present

(b) *Complete the following sentences by inserting in the blanks* **ubi**, **dum** *or* **quod** *as the sense requires, and translate.*

1 _____ puerī lūdunt, magister ē iānuā lūdī exit.

2 Horātia, _____ ad casam redit, mātrem quaerit.

3 pater īrātus est _____ fīlius nōn labōrat.

4 Graecī, _____ Polyphēmum vident, ad nāvēs fugiunt.

5 Polyphēmus Graecōs vidēre nōn potest, _____ caecus est.

(c) *Put the following Latin phrases (i) into the accusative case, and (ii) into the genitive case. For example:*

magna tempestās　　(i) *magnam tempestatem*　(ii) *magnae tempestatis*

1　senex laetus　　　(i) _____　(ii) _____

2　tantī labōrēs　　　(i) _____　(ii) _____

3　rēgīna trīstis　　　(i) _____　(ii) _____

4　ingēns unda　　　(i) _____　(ii) _____

5　cēterī prīncipēs　　(i) _____　(ii) _____

6　nox longa　　　　(i) _____　(ii) _____

(d) *Describe in Latin what is happening in this picture, which shows the escape of Ulixes (the Latin name for Odysseus) from the cave of Polyphemus. You may want to use the following Latin words:*

> **spēlunca, spēluncae** *f.* cave
> **observō, observāre** (1) I watch, guard
> **sē cēlat** he hides himself
> **sub ventre ovis** under the belly of the sheep
> **exitus** way out

(e) *From the following English sentence, give one example each of the parts of speech listed below; then translate each word you have selected into Latin:*

Aeneas told all his comrades to run to the ships. 'Flee quickly,' he shouted, 'or huge Polyphemus will get you.'

1　an imperative　　_____

2　an infinitive　　　_____

3　an adjective　　　_____

4 an adverb

5 a preposition

(f) See what you can find out about Troy as it is today. Who excavated the city and what did he discover? Your teacher will suggest some reading for you.

(g) *Tick the statements that are* **untrue:**

1 Anchīsēs, quī valdē senex est, perit. ☐
2 Neptūnus nūbēs dispellit et undās sēdat. ☐
3 mōns Aetna in Africā est. ☐
4 Achillēs Hectorem circum mūrōs trahit. ☐
5 rēgīna Dīdō Trōiānōs libenter accipit. ☐
6 Graecī Trōiam nōn capiunt. ☐

(h) *Circle the following in this word square:*

The name of the poem about Aeneas
The poet who wrote it
The hero whose ghost tells Aeneas to flee
The name of the Greek hero who killed him
The last king of Troy
The mother of Aeneas

```
S T A V B N A O T R L
A C H I L L E S R O M
H O M R V E N U S A N
O V I G R H E C T O R
R P R I A M I R A L S
L A B L D E D L E M T
```

(i) Dialogus

Aenēas leads his father, Anchīsēs, his wife, Creūsa, and their little son, Iūlus, from the burning city of Troy.

Aenēās:	hostēs accēdunt. urbs ārdet. fugere dēbēmus.
Creūsa:	quō possumus īre? quōmodo possumus hostēs effugere?
Aenēās:	ad montēs īmus, Creūsa. nūllī hostēs in montibus sunt.
Creūsa:	hostium clāmōrēs audiō et flammae propius accēdunt. festīnāte.
Aenēās:	venī hūc, pater. in umerōs meōs ascende. ego tē portābō.
Creūsa:	tū, Iūle, manum patris cape.
Aenēās:	et tū, Creūsa, post nōs festīnā et semper mihi prope subī. nam nox est et viam vix possumus vidēre.
Creūsa:	omnēs parātī sumus. ī nunc, Aenēā.
Aenēās:	venī, Iūle. fortis estō.
Creūsa:	nōlī currere, Aenēā. parvus Iūlus nōn potest tam celeriter īre.
Aenēās:	festīnā, Creūsa. nōn tempus est cessāre.
Creūsa:	manē, Aenēā. nōlī tam celeriter īre. nōn possum vōs vidēre.

ārdet is on fire
quōmodo how?
effugere escape from
nūllī no
propius nearer
umerōs shoulders
portābō I will carry
post after
subī follow!
estō be!

cessāre to dawdle

CHAPTER X

(a) *Put the following Latin phrases into (i) the accusative, and (ii) the genitive case. For example:*

omne lītus (i) *omne lītus* (ii) *omnis lītoris*

1 flūmen magnum (i) _____ (ii) _____

2 altum mare (i) _____ (ii) _____

3 senex fortis (i) _____ (ii) _____

4 tanta perīcula (i) _____ (ii) _____

5 bonum cōnsilium (i) _____ (ii) _____

6 multa nōmina (i) _____ (ii) _____

7 puellae laetae (i) _____ (ii) _____

8 magna tempestās (i) _____ (ii) _____

9 bellum trīste (i) _____ (ii) _____

10 omnēs puerī (i) _____ (ii) _____

(b) *In the following sentences put each word in brackets into the case required by the preceding preposition and translate the sentences.*

1 Trōiānī, ubi ad _____ adveniunt, ē _____ exeunt et in _____ sedent.
   (Sicilia)   (nāves)   (lītus)

2 montem Aetnam vident; flammās et fūmum in _____ prōicit.   **fūmus** smoke
                                              (caelum)

3 Trōiānī timent; post _____ prope _____ dormiunt.
                        (cēna)   (lītus)

4 postrīdiē Polphēmum vident; ille dē _____ cum _____ lentē dēscendit.
       (mōns altus)   (ovēs)

5 Trōiānī valdē timent; Aenēās eōs iubet ad _____ fugere.
                                              (nāvēs)

6 ubi ad _____ adveniunt, nāvēs cōnscendunt et ā _____ nāvigant.
        (lītus)   (lītus)

7 Polyphēmus iam ad _____ advenit et in _____ prōcēdit.
                      (mare)   (undae)

8 nōn potest Trōiānōs vidēre sed audit eōs ā _____ rēmigantēs.   **rēmigantēs** rowing
                                               (terra)

9 saxa ingentia ē _____ in _____ iacit.
                    (terra)   (nāvēs)

10 sed Trōiānī fortiter per _____ rēmigant; sīc ē _____ tūtī ēvādunt.
                              (undae)   (perīculum)

(c) There are English words derived from all the words in the left-hand column of the vocabulary on page 77 of your coursebook. What are they?

amō, amāre _____

regō, regere _____

animus, animī _____

gladius, gladiī _____

servus, servī _____

(d) Write a character sketch of Aeneas based on the impression you have got of him from these chapters.

(e) Produce a strikingly-illustrated book cover for the *Aeneid*, or an enthusiastic publisher's blurb and some quotations from rave reviews.

(f) Fābula scaenica

Persōnae: Aenēās, Faber prīmus, Faber secundus, Faber tertius, Mercurius, Trōiānus prīmus, Trōiānus secundus, Dīdō

Aenēās in lītore Libyae cessat; Carthāginem aedificat.

Aenēās: festīnāte, fabrī. saxa ad mediam urbem portāte et arcem aedificāte.
Faber prīmus: semper saxa portāmus. fessī sumus.
Aenēās: nōlīte cessāre, fabrī. dēbēmus arcem cōnficere.
Faber secundus: nōn possumus diūtius labōrāre; merīdiēs est. cupimus sub arbore iacēre et dormīre.
Aenēās: quō abītis? redīte. iubeō vōs illa saxa portāre.
Faber tertius: nōn tū nōs regis, sed Dīdō. Dīdō semper nōs iubet merīdiē dormīre.
Aenēās: abīte, hominēs, paulīsper; sed celeriter redīte et arcem cōnficite.
abeunt fabrī. Aenēās sōlus in saxō sedet. Mercurius subitō dē caelō adest et Aenēam vocat.
Mercurius: Aenēā, quid facis? cūr in lītore Libyae cessās et Dīdōnis urbem aedificās?
Aenēās: quis mē vocat? deus an homō?
Mercurius: ego Mercurius sum, nūntius deōrum. Iuppiter, pater deōrum et rēx hominum, mē mittit ad tē.
Aenēās: cūr tē mittit Iuppiter? quid mē facere iubet?
Mercurius: Iuppiter īrātus est, quod in Libyā cessās. tē iubet ad Italiam festīnāre et novam Trōiam condere.
Mercurius ēvānēscit. Aenēās territus est.
Aenēās: quid facere dēbeō? imperia deōrum nōn possum neglegere. Iuppiter omnia videt. ad comitēs festīnāre dēbeō et nāvēs parāre.
Aenēās ad comitēs festīnat.
Aenēās: audīte, comitēs. nāvēs parāte. dēbēmus statim ā Libyā nāvigāre.
Trōiānus prīmus: ō Aenēā, fessī sumus. cupimus in Libyā manēre. nōlī nōs iubēre iterum in undīs labōrāre.
Aenēās: tacē, amīce. Iuppiter ipse nōs iubet abīre; dēbēmus ad Italiam nāvigāre et novam Trōiam condere.
Trōiānus secundus: quid dīcis? Iuppiter nōs iubet novam Trōiam

faber workman

cessat delays

mediam urbem the middle of the city
arcem citadel
cōnficere to finish
diūtius any longer
merīdiēs midday

paulīsper for a little

an or?

ēvānēscit vanishes
neglegere neglect

ipse himself

in Italiā condere? gaudēte, comitēs. nec ventōs nec
tempestātēs timēmus. festīnāte ad lītus et nāvēs
celeriter parāte.
exeunt Trōiānī laetī. Aenēās sōlus et trīstis in lītore manet.

Aenēās: quid facere dēbeō? Dīdō mē amat. quōmodo possum
eī dīcere imperia deōrum? quōmodo possum eam dēserere?
*sed Dīdō omnia iam cognōvit; īrāta et misera Aenēam exspectat.
ubi Aenēās advenit, furor et īra Dīdōnis animum vincunt.*

Dīdō: perfide, tū temptās tacitus abīre? neque amor meus tē
retinet nec fidēs tua? mē sōlam relinquis? mē moribundam
dēseris?

Aenēās: rēgīna, nōn temptō tacitus abīre; nōn cupiō tē dēserere.
Mercurius ipse, nūntius deōrum, mē monet; Iuppiter mē
iubet ad Italiam nāvigāre et novam Trōiam condere.
nōlī mē culpāre. invītus tē relinquō. invītus Italiam petō.

Dīdō: perfide, sīc tū meās lacrimās spernis? sīc tu omnia mea
beneficia rependis? ego tē nōn retineō. ī nunc. Italiam
pete et novam urbem conde. sed sīc tē moneō: quod tū
mē prōdis et amōrem meum spernis, ultiōnem dīram
exspectā. sērius ōcius aut ego aut posterī ultiōnem
dīram exigent.

*Dīdō ad terram cadit exanimāta. Aenēās trīstis ad comitēs
redit et nāvēs parat.*

nec...nec neither...nor
quōmodo? how?
dēserere desert
cognōvit has learnt
temptās try
neque...nec neither...nor
retinet hold back
fidēs promise
relinquis leave
moribundam doomed to die
ipse himself
culpāre to blame
lacrimās tears
spernis despise
beneficia kindnesses
rependis repay
prōdis betray
ultiōnem dīram terrible vengeance
sērius ōcius sooner or later
posterī descendants
exigent will exact
cadit falls
exanimāta in a faint

CHAPTER XI

(a) *Put the following Latin phrases into the dative case:*

1 bona puella _____   5 māter misera _____

2 fīlius cārus _____   6 lītora omnia _____

3 rēx fortis _____   7 longum flūmen _____

4 tanta tempestās _____ 8 flōrēs pulchrī _____

(b) *Pick out from the English translations below the ones that fit the following Latin verb forms:*

1 regunt _____   6 redīte _____   11 terret _____

2 reddite _____   7 potest _____   12 ostendō _____

3 ferimus _____   8 accipere _____   13 habēmus _____

4 dare _____   9 iubētis _____   14 gaudēte! _____

5 adsumus _____   10 cōnstituunt _____ 15 interficere _____

```
                    to kill      they decide     they rule      I show
    we are carrying    give back!    he can      to give     to receive    you order
        we are present    go back!      we have      rejoice!     he terrifies
```

(c) *In the following phrases, the words in bold type are derived from Latin words you have met. Explain their meaning in English and show how the English meaning is related to their Latin root:*

1 **undulating** hills _____

2 **tempestuous** seas _____

3 **marine** habitat _____

4 **ardent** lovers _____

5 **contradictory** speeches _____

(d) *Describe in Latin what is happening in this picture:*

_____

_____

_____

_____

_____

(e) *Read again the story of the foundation of Rome on page 87 of your coursebook. The Roman poet Ovid describes as follows how it was decided whether Romulus or Remus should be king:*

'There's no need for a fight,' said Romulus.
'We can rely on birds. Let's try what the birds say.'

rēs placet. alter adit nemorōsī saxa Palātī,
   alter Aventīnum māne cacūmen init.
sex Remus, hic volucrēs bis sex videt ordine. pāctō
   stātur. et arbitrium Rōmulus urbis habet.

rēs the plan	**hic** this man,
alter...alter the one...	i.e. Romulus
the other	**ordine** in line
nemorōsī of the wooded	**pāctō stātur** they abide
māne in the morning	by their pact
cacūmen peak	**arbitrium** control

See whether you can translate these lines.
You will have to guess **volucrēs** *and* **bis sex**.

(f) *Find and circle in the word square the Latin for the following:*

for the father
to the dogs
to the boy
to the girlfriend
to the old man
to the horses

```
R O B P E Q U I S
M T C A N I B U S
A G B T A A X I E
P U E R O C C S N
S A M I C A E X I
```

(g) Produce a cartoon strip telling the story of Romulus and Remus.

(h) Dialogus

Scintilla is returning home from the fountain.

Scintilla: dī immortālēs! quid accidit? multum fūmum videō.
Horatia comes running from the cottage.
Horātia: ō māter, venī celeriter. festīnā. casa nostra ārdet.
Scintilla: quid dīcis fīlia? fūmus ille ē casā nostrā surgit?
Horātia: ārdet casa, māter. nōlī cessāre.
Scintilla: sed Argus in casā est. canis īnfēlīx mortuus est?
Horātia: Argus tūtus est. ego eum ē casā trāxī.
Scintilla: puella fortis es. sed quid facere dēbēmus? tū, Horātia, ad agrum curre et patrī omnia nārrā.
Horātia: et tū, māter, ad casam festīnā vīcīnōsque vocā.
Scintilla: dī immortālēs! mea culpa est. pater valdē īrātus erit.
Horātia: cāra māter, nōlī cessāre. curre ad casam et Argum cūrā. prope viam iacet semimortuus.
Scintilla: ō Arge, ō canis īnfēlīx! mea culpa est.

accidit is happening

īnfēlīx unhappy
trāxī I dragged

vīcīnōs neighbours
erit will be
cūrā look after

CHAPTER XII

(a) *Write out the following phrases in all cases.*

1 puella trīstis (singular) **2 pater bonus** (singular) **3 lītora omnia** (plural)

nom. _____ _____ _____

acc. _____ _____ _____

gen. _____ _____ _____

dat. _____ _____ _____

abl. _____ _____ _____

(b) *Study the reflexive verb* ego mē lavō *on page 93 of your coursebook, and write out a similar chart for* ego mē vertō:

_____   _____

_____   _____

_____   _____

(c) *Answer the questions below on the following passage:*

Argus malus canis est; in lūtō sē volvit et valdē sordidus est. Scintilla Horātiam vocat et 'venī hūc, Horātia,' inquit; 'Argus valdē sordidus est; necesse est eum lavāre. Quīntum vocā; dēbet ille tē iuvāre.' Quīntus ubi advenit, 'ō Arge,' inquit, 'ō canis sordide, cūr tū nōn potes tē lavāre? ego nōn cupiō tē lavāre.' sed Scintilla 'festīnāte, puerī,' inquit; 'vōs parāte.' Quīntus Argum in hortum dūcit; Horātia urnam aquae portat; sed ubi sē vertit, Argus nōn adest. in viam fūgit; nam nōn cupit lavārī.

lūtō mud
volvit he rolls
sordide dirty
necesse est it is necessary

fūgit has fled
lavārī to be washed

1 How is Argus naughty?_____

_____ (2)

2 What does Scintilla tell Horatia to do? _____

_____ (4)

32

3 What does Quintus ask Argus? _____ (2)

4 When Horatia brings the water, where is Argus? and why? _____

_____ (2)

5 List and translate the four examples of verbs used in this passage with reflexive pronouns.

_____

_____ (8)

(d) *Describe in Latin what is happening in the picture on page 90 of the coursebook. You may want to use the following Latin words:*

_____

_____

oppidānī	the townspeople
imperātor	the general
vectus	riding

_____

(e) *The Latin word* castra *became changed in English to* Chester. *The names of many English towns end with* –chester. *These are places where the Roman legions camped. Give the names of five English towns with this ending.*

_____

(f) *Show how the words in bold type are related to the Latin* prīmus:

1 **Prime** Minister   _____

2 The **Primate** of all England
   (the Archbishop of Canterbury)   _____

3 **primates** (animals)   _____

4 **primary** education   _____

5 his **prime** motive   _____

See if you can find any more words derived from prīmus *in your English dictionary.*

_____

33

(g) Choose one of the great Roman gods (see page 96 and look back to page 48 in your coursebook) and see what you can find out about him or her. Draw a picture of the one you choose – complete with his or her props.

(h) Dialogus

Quintus and Gaius are watching the soldiers.

Quīntus: venī, Gāī, ad illum collem. ex eō mīlitēs spectāre possumus.
Gāius: vidē, Quīnte. quid faciunt mīlitēs?
Quīntus: imperātor manum tollit. omnēs mīlitēs cōnsistunt.
Gāius: ecce, mīlitēs iam castra pōnunt. quam celeriter opera faciunt!
Quīntus: cavē, Gāī. duo mīlitēs ad nōs accēdunt. dēbēmus nōs cēlāre.
Gāius: nōlī tē vexāre. mīlitēs iam ad castra redeunt.
Quīntus: nox adest. sine dubiō parentēs ānxiī sunt et īrātī.
Gāius: dēbēmus domum festīnāre. venī, Quīnte. nōlī cessāre.
Quīntus: nox obscūra est. vix possum viam vidēre.
Gāius: umbrās timeō. iuvā mē, Quīnte.
Quīntus: fortis estō, Gāī. manum meam cape. nōn longē abest oppidum. ecce, portās vidēre possum.

imperātor the general
tollit is raising
cōnsistunt halt
cavē look out!
cēlāre to hide
vexāre to worry
sine dubiō without doubt
umbrās the shadows

Soldiers from Trajan's column

CHAPTER XIII

(a) *Write out (i) the imperfect tense of* **dīcō** *and (ii) the perfect tense of* **parō**.

(i) _____

(ii) _____

(b) *Translate the following verb forms:*

1	spectā _____	7	dūcēbas _____	13	dormīre _____
2	spectābam _____	8	dūcere _____	14	dormī _____
3	spectat _____	9	dūcunt _____	15	dormiēbant _____
4	spectāvī _____	10	dūxistis _____	16	dormīvistī _____
5	spectāre _____	11	dūcite _____	17	dormiō _____
6	spectāvērunt _____	12	dūcimus _____	18	dormiēbāmus _____

(c) *Note that the stem of* **eō** *is* **i-***; hence infinitive* **ī-re***, imperfect* **ī-bam***, perfect* **i-ī***. Translate the following verb forms:*

1	redībam _____	4	init _____	7	exeunt _____
2	redīte _____	5	iniit _____	8	exīre _____
3	rediit _____	6	inīre _____	9	exiērunt _____

(d) *In the following sentences put each verb in brackets into the appropriate tense (imperfect or perfect) and translate. For example:*

Horātia Quīntusque in hortō __*lūdēbant*__ , cum Scintilla eōs __*vocāvit*__ .
                                 (lūdere)   (vocāre)

Horatia and Quintus were playing in the garden when Scintilla called them.

1   Scintilla puerōs ad agrum _____ ; iussit eōs cēnam patrī portāre.
                                                     (mittere)

2 puerī lentē per silvam _____ , cum lupum vīdērunt.
                                     (ambulāre)

3 Horātia valdē _____ , sed Quīntus _____ ; lupus fūgit.
                      (timēre)   (clāmāre)

4 tandem puerī agrum _____ patremque _____ .
                             (intrāre)   (vocāre)

5 ille puerōs nōn _____ ; nam nōn _____ sed sub arbore _____ .
                     (audīre)   (labōrāre)   (dormīre)

6 Argus prope eum _____ ; ubi puerōs vīdit, laetus _____ .
                      (iacēre)   (latrāre = to bark)

7 Argus Flaccum _____ ; ille puerōs _____ .
               (excitāre = to wake)   (salūtāre)

8 puerī cēnam patrī trādidērunt Argumque domum _____ .   **trādidērunt** handed over
                                                             (dūcere)

(e) *Describe in Latin what is happening in this picture:*

(f) *Italian, Spanish and French are called Romance languages, that is languages directly descended from the language of the Romans (Latin). To the chart below add (i) the corresponding Latin word on the left and (ii) the English translation on the right:*

Latin	Italian	Spanish	French	English
_____	figlio	hijo	fils	_____
_____	amico	amigo	ami	_____
_____	vento	viento	vent	_____
_____	vino	vino	vin	_____
_____	muro	muro	mur	_____
_____	figlia	hija	fille	_____
_____	tempesta	tempestad	tempête	_____
_____	festa	fiesta	fête	_____
_____	amare	amar	aimer	_____
_____	movere	mover	mouvoir	_____
_____	vivere	vivir	vivre	_____
_____	dormire	dormir	dormir	_____

1 Which modern language appears to be most closely related to Latin? _____

2 Which of the nouns (the first eight rows) are masculine and which are feminine (there is no neuter gender in Italian, Spanish or French)?

_____

_____

3 What is the significance of the sign ^ in French? _____

(g) Dialogus

Flaccus and Scintilla discuss what to do about Quintus's schooling.

Flaccus: cūr Quīntus ā lūdō tam mātūrē rediit, Scintilla?
Scintilla: tumultus in lūdō factus est. Decimus magistrum oppugnāvit. omnēs puerī domum fūgērunt.
Flaccus: dī immortālēs! scelestī sunt illī puerī et magister est asinus. quid facere dēbēmus? Quīntus nihil discit in illō lūdō.
Scintilla: vērum dīcis, Flacce. Quīntus valdē ingeniōsus est sed nihil discit.
Flaccus: ignāvus est; cēterī puerī eum in malōs mōrēs dūcunt.
Scintilla: Flacce, Quīntus dēbet Rōmam īre. dēbēmus eum ad optimum lūdum mittere.
Flaccus: dī immortālēs! quid dīcis, uxor? nōn potest Quīntus Rōmam sōlus īre.
Scintilla: vērum dīcis, Flacce; sōlus Quīntus nōn potest īre; tū dēbēs eum Rōmam dūcere.
Flaccus: nōlī nūgās nārrāre, uxor. non possum vōs relinquere; nōn possum agrum neglegere. Rōma longissimē abest.
Scintilla: nōlī tē vexāre, Flacce. crās rem iterum disserēmus. iam tempus est dormīre.

mātūrē early
factus est occurred

ingeniōsus clever

ignāvus idle
mōrēs habits

nūgās nārrāre talk nonsense
longissimē very far
vexāre worry
crās tomorrow
disserēmus we shall discuss

(h) How do the characters of Flaccus and Scintilla come across in (g)?

The road to Rome, the Appian Way

CHAPTER XIV

(a) *Translate the following verb forms:*

1 vocant _____   7 mittēbāmus _____   13 movēre _____

2 vocāvistī _____   8 mittunt _____   14 mōvit _____

3 vocāre _____   9 mīsimus _____   15 movet _____

4 vocābās _____   10 mittite _____   16 movēbam _____

5 vocāte _____   11 mīsistis _____   17 movēte _____

6 vocāvī _____   12 mittere _____   18 mōvērunt _____

(b) *Translate the following sentences; be sure you translate all perfect tenses appropriately, choosing between the two possible meanings, e.g. parāvī = I prepared or I have prepared.*

(Note the following: eō, īre, iī; redeō, redīre, rediī; abeō, abīre, abiī)

1 Quīntus per silvam festīnābat; Argum quaerēbat.

2 Flaccus ab agrō redībat, cum fīlium in silvā vīdit.

3 Flaccus eum vocāvit; 'quid facis, fīlī?' inquit; 'cūr domō discessistī?'

4 Quīntus 'māter' inquit 'mē mīsit in silvam. nam Argus in silvam abiit. ego eum quaerō sed nōn invēnī.'

5 Flaccus respondit: 'nōlī tē vexāre, fīlī. sine dubiō domum iam rediit.'

39

6 domum ambulābant pater et fīlius, cum Argum vīdērunt.

7 Argus Quīntum prope viam exspectābat; ubi eōs vīdit, laetus ad Quīntum cucurrit.

8 Flaccus 'Arge,' inquit, 'cūr domō abiistī? malus canis es. Quīntum valdē vexāvistī.'

(c) *Describe in Latin what is happening in this picture:*

(d) In English we almost always use Arabic numbers, but sometimes, for example on some clock faces and at the end of BBC television programmes, you will see Roman numbers. They go like this:

ūnus	I	sex	VI
duo	II	septem	VII
trēs	III	octō	VIII
quattuor	IV (or IIII)	novem	IX
quīnque	V	decem	X

You should be able to see how IV can be four. Explain why VI is six and IX is nine.

What are the Arabic equivalents of the following numbers?

XIV _____ XXIII _____ XXXIX _____

(e) The Roman Empire eventually collapsed, but the Latin language survived where the Romans had been longest. You could gather from 13(f) how close to Latin many French, Spanish and Italian words are. But the Latin language spread far wider than France, Spain and Italy. Of course, it has changed a great deal over the years, but you can see from the following chart how similar the words for one to ten are in this family of 'Romance' languages:

	Latin	Italian	Spanish	French	Portuguese	Romanian
1	ūnus	uno	uno	un	um	un
2	duo	due	dos	deux	dois	doi
3	trēs	tre	tres	trois	três	trei
4	quattuor	quattro	cuatro	quatre	quarto	patru
5	quīnque	cinque	cinco	cinq	cinco	cinci
6	sex	sei	seis	six	seis	șase
7	septem	sette	siete	sept	sete	șapte
8	octō	otto	ocho	huit	oito	opt
9	novem	nove	nueve	neuf	nove	noua
10	decem	dieci	diez	dix	dez	zece

Divide into pairs. Imagine that you and your partner are judges of the Eurovision song contest. Award marks between one and ten to each country in the chart – yes, Romania and Ancient Rome have been allowed to enter – in its own language. Then see if your partner can put your marks into English.

(f) *Which is the odd word out in the following four lists and why?*

1 nāvis, flūmen, collis, canālis, aqua _____

2 malus, audāx, saevus, bonus, scelestus _____

3 nox, lūna, umbra, clārus, sōl _____

4 lupus, nauta, canis, leporēs, culicēs _____

(g) *What is:*

1 a **lunar** eclipse _____

2 the **solar** system _____

3 a **nautical** almanac _____

4 a **local** newspaper

5 a **civic** reception

6 an **arboreal** ape

7 an **itinerant** circus

8 a **translucent** stone

9 a **tertiary** education

10 a string **quartet**

(h) Dialogus

Flaccus and Quintus are sleeping in a wood beside the road to Rome.

Quīntus: pater, lupōs audiō. nōn tūtī sumus in silvā.
Flaccus: nōlī timēre, fīlī. lupī longē absunt, neque hūc accēdere audent; nam ignem timent.
Quīntus: audī pater; lupōs iterum audīvī. nōn longē absunt.
Flaccus: dormī, fīlī. ego tē cūrābō.

A few hours later...

Flaccus: (*susurrat*) Quīnte, surge celeriter sed tacitus estō. venī mēcum.
Quīntus: cūr mē in virgulta dūcis, pater? quid accidit?
Flaccus: trēs hominēs accēdunt. vīdī eōs et vōcēs audīvī. dēbēmus nōs cēlāre.
Quīntus: (*susurrat*) ecce, pater, hominēs ad ignem accēdunt. quid faciunt?
Flaccus: tacē, Quīnte, hominēs tē audient.
Quīntus: pater, hominēs impedimenta nostra rapiunt. quid facere dēbēmus?
Flaccus: tacē, Quīnte. in magnō perīculō sumus.
Quīntus: iam abeunt hominēs. tandem tūtī sumus.
Flaccus: vērum dīcis, fīlī. hominēs abiērunt. sed nōlī ē virgultīs īre. dēbēmus hīc dormīre, cēlātī.

cūrābo I shall look after

surge get up!
estō be
virgulta undergrowth
accidit has happened
cēlāre hide
audient will hear
impedimenta baggage

cēlātī hidden

CHAPTER XV

(a) *Form the imperfect, perfect, and pluperfect tenses (1st person singular) of the following verbs and translate each verb form. For example:*

regō regebam: I was ruling, rexi: I ruled or I have ruled, rexeram: I had ruled

1 servō _____

2 terreō _____

3 dīcō _____

4 dormiō _____

5 redeō _____

(b) *Pick out from the English translations below the ones that fit the following Latin verb forms:*

1 mīsī _____ 7 nārrābat _____ 13 pōnunt _____

2 mōvērunt _____ 8 didicistī _____ 14 contendēbāmus _____

3 stābam _____ 9 vīxerāmus _____ 15 monuimus _____

4 dūcis _____ 10 abīte! _____ 16 dūxērunt _____

5 flēbant _____ 11 mittō _____ 17 dare _____

6 rediērunt _____ 12 erāmus _____ 18 audīverātis _____

> they place   I sent   to give   we have warned   you are leading   go away!   I am sending
> they moved   I was standing   you learnt   we were marching   they returned   they led
> you had heard   we had lived   we were   they were weeping   he was relating

(c) In your activities for the last two chapters, you saw how Latin was the parent of what we call Romance languages. But Latin itself is a member of a far wider family of languages. We have lost the parent of these languages, but we call it Indo-European (see page 4 of your coursebook).

Now have a look at the chart on the next page. In each column, each word means the same thing.

Sanscrit	pitar	matar	bhratar	svasar
Greek	pater	meter	phrater	heor
Latin	pater	mater	frater	soror
German	Vater	Mutter	Bruder	Schwester
Anglo-Saxon	faeder	modor	brothor	sweostor
Russian		mat'	brat	siestra
Irish	athair	mathair	brathair	
English	_____	_____	_____	_____
French	_____	_____	_____	_____

See if you can fill in the English and French equivalents for these words. Do the English or the French words seem closer to most of the languages in the chart?

_____

(d) *Explain the meaning of the words in bold type with reference to the Latin word* **oculus**:

1   I visited the **oculist**. _____

2   He gave me an **ocular** demonstration of the truth of what he claimed. _____

_____

3   He was wearing a **monocle**. _____

4   She was using **binoculars**. _____

(e) Choose one of the buildings of Ancient Rome that Quintus has passed on page 120 of your coursebook (see also page 126) and see what more you can find out about it. You may be persuaded to give a short talk to your form – with illustrations!

(f) Fābula scaenica

Persōnae: Flaccus, Quīntus, cīvis, iānitor.

Flaccus Quīntusque per viās urbis festīnant.

Flaccus:	festīnā, Quīnte. nōlī tam lentē ambulāre.
Quīntus:	exspectā mē, pater; nōn possum celerius īre. numquam tantam turbam hominum vīdī. nōn possum per turbam prōcēdere.
Flaccus:	venī hūc, fīlī. ego tē exspectō. ecce, manum meam cape.
Quīntus:	cavē, pater. ille homō paene tē ē viā dētrūsit.
Flaccus:	quid facis, caudex? paene mē ē viā detrūsistī.
cīvis:	quid dīcis, rūstice? nōlī mē sīc vituperāre. cēde mihi.
Flaccus:	homo impudēns es et petulāns. nōn cēdam tibi.
cīvis:	quid dīcis? mē impudentem vocās et petulantem? nōn mihi cēdis? cavē.
Flaccus:	venī mēcum celeriter, Quīnte. nōlī caudicem illum audīre. paene ad Subūram advēnimus. iam domicilium quaerere dēbēmus.
Quīntus:	ecce, pater, nōnne vidēs illam īnsulam? certē possumus domicilium illīc invenīre.
	Quīntus Flaccusque īnsulam intrant et iānitōrem quaerunt.
Flaccus:	Quīnte, dēbēmus iānitōrem invenīre. iānitor, ubi es? venī hūc. domicilium condūcere volō.
Quīntus:	iānitor nihil nōbis respondet, pater. ubi est? dēbēmus eum quaerere. ecce, videō eum. in illō angulō dormit.
	Flaccus ad angulum aulae accēdit et iānitōrem vocat.
Flaccus:	surge, iānitor, et nōbīs respondē. ego fīliusque nūper Rōmam advēnimus. domicilium condūcere volumus.
iānitor:	nūllum domicilium est vacuum. abīte.
Quīntus:	iānitor ēbrius est, pater. quid facere dēbēmus?
Flaccus:	audī mē, iānitor, nōn magnum domicilium rogāmus. nōnne ūnum cēnāculum habēs vacuum?
iānitor:	nōnne audīvistī, caudex? nullum cēnāculum habeō vacuum. ego dormīre cupiō. abīte, abīte.
	iānitor iterum dormit. Flaccus Quīntusque in viam exeunt.
iānitor:	cōnsistite. manēte. ego errāvī. ūnum cēnāculum parvum habeō vacuum.
Flaccus:	surge, iānitor, et duc nōs ad cēnāculum.

celerius quicker

cavē look out!
dētrūsit pushed
vituperāre abuse
cēde give way to
petulāns rude
cēdam I shall give way to

domicilium a flat

certē surely

ubi? where?
condūcere to rent
volō I want
angulō corner
aulae courtyard
surge get up
nūper lately
vacuum empty
ēbrius drunk

cēnāculum garret

cōnsistite stop
errāvī I was wrong

CHAPTER XVI

(a) *Write out the accusative, genitive, dative and ablative cases of:*

(i) vultus sēvērus (singular) (ii) omnēs exercitūs (plural)

(b) *Complete the following sentences by putting the word in brackets into the correct Latin form, and then translate.*

1 cēterī puerī iam in aulā _____ , sed Quīntus prope iānuam sōlus _____ .
            (were playing)   (was standing)

2 Orbilius ē iānuā _____ et 'intrāte celeriter, puerī,' inquit; 'tempus est _____ .'
            (came out)   (to study)

3 Orbilius Iliadem Hōmerī _____ ; multōs versūs celeriter _____ .
                    (was teaching)   (he recited)

4 'Quīnte,' inquit, '_____ mihi. nōnne _____ intellegere illōs versūs?'
                    (answer!)   (can you)

5 Quīntus respondit: 'nōn _____ illōs versūs intellegere, magister; nam eōs
                            (I can)

  celeriter _____ .'
            (you recited)

46

6 cēterī puerī _____ (laughed), sed Orbilius īrātus _____ (was) et 'tacēte, puerī,' inquit;

'cūr _____ (are you laughing)? tū, Quīnte, mē dīligenter _____ (listen to).'

7 Orbilius versūs iterum _____ (recited); Quīntus omnia iam intellegere _____ (was able).

8 tandem Orbilius puerōs _____ (dismissed); cēterī iam _____ (had gone out), cum Orbilius

Quīntum _____ (called back).

9 '_____ (come) hūc, Quīnte,' inquit; 'nōlī dēspērāre; dīligenter _____ (you are studying)

et celeriter _____ (you are learning).'

10 Quīntus Orbilium valēre iussit et laetus _____ (went out).

(c) *Describe in Latin what is happening in this picture:*

(d) In the following school report explain the meaning of the words in bold print. See if you can track down their Latin roots (in other words, can you find out how the Latin and English words are related to each other):

Julia is a good **student**. She shows considerable **facility** for natural **science** and makes good use of the **library**. She does not show much **manual** dexterity in the **laboratory** but is **gradually** improving; her efforts there are not to be **derided**.

_____

_____

_____

_____

_____

(e) We live in a democracy. But there are ways in which we are in fact far from democratic. What are they? How much say do your parents – or you, for that matter – have on any individual issue?

(f) Dialogus

Quintus is going home with Flaccus after his first day at the school of Orbilius.

Flaccus: cūr trīstis es, fīlī? bene studuistī; Orbilius tē laudāvit.
Quīntus: ō pater, Orbilius valdē sevērus est. īrātus erat quod Graecē dīcere nōn poteram.
Flaccus: nōlī dēspērāre, fīlī. iam litterās Graecās discis et mox poteris Graecē dīcere.
Quīntus: cēterī puerī omnia sciunt, ego nihil. mē rīdēbant quod tam ignārus eram.
Flaccus: sed ingeniōsus es, fīlī, et dīligenter studēs. discere cupis. mox omnēs superābis.
Quīntus: ō pater, cēterī puerī lautī sunt et magnī, ego parvus et pinguis.
Flaccus: nōlī nūgās nārrāre; nōn valdē pinguis es.
Quīntus: ubi Orbilius nōs in aulam dīmīsit, nēmō mēcum lūdēbat. sōlus in angulō aulae stābam.
Flaccus: nōn vērum dīcis, fīlī. puerōrum quīdam tēcum loquēbātur. ego ipse vīdī.
Quīntus: vērum dīcis, pater. ille puer cōmis erat.
Flaccus: mox multōs amīcōs inter puerōs habēbis. nōn malī puerī sunt. nōlī dēspērāre. ecce, ad īnsulam nostram advēnimus. ego cēnam magnificam tibi parāvī. festīnā, et bonō animō estō.

poteris you will be able

ignārus ignorant
superābis you will beat
lautī smart
pinguis fat
nūgās nārrāre talk nonsense
aulam courtyard
angulō corner
quīdam one
loquēbātur was talking
ipse (my)self
cōmis kind
habēbis you will have
bonō animō estō cheer up

CHAPTER XVII

(a) *Pick out from the adjectives below the ones that agree with each of the following nouns. The adjective must be in the same case, gender and number as the noun, and the resulting phrase must make sense. For example,* **vōce omne** *is wrong, because* **vōce** *is ablative feminine singular, and* **omne** *is nominative or accusative neuter singular, nor does the phrase* **vōce omne** *make sense.*

1 bellum _____   5 nōmina _____

2 puellae _____   6 iuvenem _____

3 vōce _____   7 cīvium _____

4 vultū _____   8 arboris _____

```
altae    clāra    gravī    audācem    bonōrum    pulchrae    magnā    omne
```

(b) *Translate the following verb forms:*

1 cōnfēcerant _____   6 redīre _____   11 emit _____

2 cōnficite _____   7 redeunt _____   12 emēbātis _____

3 cōnfēcī _____   8 redībat _____   13 ēmistis _____

4 cōnficere _____   9 rediistī _____   14 ēmit _____

5 cōnficiēbas _____   10 redī _____   15 ēmerant _____

(c) *Give the accusative, genitive, dative and ablative of:*

(i) **fīlia cāra**   (ii) **victor saevus**

(d) *Describe in Latin what is happening in this picture:*

_____
_____
_____
_____
_____

(e) What happens if you meet with **insuperable** obstacles?_____

What is **oratory**?_____

Why is a **pedestrian** so called?_____

When do you use your **vocal** chords? _____

What is a lengthy **epistle**? _____

(f)
1 What, if anything, do you find ridiculous in the line of Cicero's poetry quoted on page 143 of your coursebook? (You may choose to defend it!)

2 Do you fancy the idea of a career in politics? Give reasons for your answer.

(g) Dialogus

Cicero asks Quintus what he has done in school.

Cicerō: venī hūc, Quīnte. vērumne dīxit Marcus? tū ingeniōsus es?
tu cēterōs puerōs studiīs superās?
Quīntus: nōn valdē ingeniōsus sum neque omnēs aliōs superō. sed
discere cupiō et studiīs gaudeō.
Cicerō: euge, Quīnte. dīc mihi, quid in lūdō hodie didicistī?
Quīntus: ante merīdiem Orbilius Iliadem Homērī docēbat.
Cicerō: cuī partī Iliadis studēbātis, Quīnte?

euge good!

cuī partī which part

Quīntus: librō sextō studēbāmus, Cicerō, in quō Hector cum uxōre loquitur et cum parvō fīliō.
Cicerō: placuit tibi haec fābula?
Quīntus: mihi valdē placuit. fābula et pulchra est et trīstis.
Cicerō: cūr trīstis est haec fābula?
Quīntus: quod et Hector et uxor hoc sciunt: mox Hector in pugnā cadet. sic fāta dēcernunt.
Cicerō: euge, Quīnte. certē puer ingeniōsus es Homērumque bene intellegis. sī vīs, licet tibi librōs meōs legere. Marce, dūc Quīntum ad bibliothēcam et ostende eī meōs librōs.
Quīntus: grātiās tibi agō, Cicerō. valdē cōmis fuistī.

in quō in which
loquitur talks
placuit tibi pleased you
haec this
cadet will fall
fāta the fates
dēcernunt decree
sī vīs if you like
licet tibi you may
bibliothēcam library
cōmis kind

A young Roman with his scroll and satchel

CHAPTER XVIII

(a) Note how Latin nouns can be formed from adjectives; for example:

audāx (audāc–is) bold, rash: **audācia** boldness, rashness
līber–a–um free: **lībertās, lībertātis** freedom

From the adjectives in the first column, deduce the meanings of the nouns in the second column:

1	dīligēns	dīligentia	_____
2	trīstis	trīstitia	_____
3	laetus	laetitia	_____
4	gravis	gravitās	_____
5	sevērus	sevēritās	_____
6	celer	celeritās	_____

(b) *Pick out from the English translations below the ones that fit the following Latin verb forms:*

1	posueram _____	7	lēgistis _____	13	agēbam _____
2	cognōvī _____	8	superāverās _____	14	vendidī _____
3	īnspiciunt _____	9	audēbam _____	15	dā _____
4	superāvimus _____	10	stābam _____	16	movē _____
5	ēgerāmus _____	11	invēnimus _____	17	movēbam _____
6	legitis _____	12	invenimus _____	18	dedērunt _____

```
you have read    I sold    they look at    you had overcome    give!    I was doing
we have overcome    we found    I was daring    they gave    I had placed    I was moving
we find    you are reading    move!    I have learnt    we had done    I was standing
```

(c) *Put the phrases in brackets into the correct case and translate:*

1 _____ Quīntus cum _____ _____ discessit.
   (prīma lūx)   (pater)   (domus)

2 lūdus Orbiliī _____ nōn longē aberat; _____ ad lūdum advēnerant.
                (forum)   (breve tempus)

3 amīcī, ubi Quīntum cōnspexērunt, _____ eum vocāvērunt.
                                   (magna vox)

4 Quīntus eōs _____ salūtāvit.
              (summum gaudium)

5 magister, _____ puerōrum excitātus, ē _____ lūdī exiit   **excitātus** roused
            (clāmōrēs)   (iānua)

   puerōsque _____ spectāvit.
             (vultus sevērus)

6 'nōlīte, puerī,' inquit, 'tōtam urbem _____ excitāre; intrāte _____ .'
                                        (tantī clāmōrēs)   (summa celeritās)

7 puerī _____ statim pāruērunt. _____ studēbant.
        (magister)   (summa dīligentia)

8 tandem Quīntus _____ dīxit: 'magister, tempus est _____
                 (magister)   (studia)

   dēsistere et domum redīre.'   **dēsistere** to stop (from)

53

(d) *Describe in Latin what is happening in this picture:*

_____

_____

_____

_____

_____

(e) *The following girls' names are all derived from Latin words you know. What did their parents apparently hope their daughters would be like?*

Clara _____ **Vera** _____ **Prudence** _____

Gloria _____ **Florence** _____ **Amanda** _____

(f) A swim in the Tiber

In Shakespeare's play *Julius Caesar*, Cassius is trying to persuade Brutus to join him in killing Caesar. He explains how Caesar is not a god but an ordinary man like Brutus and himself:

> I was born free as Caesar; so were you:
> We both have fed as well, and we can both
> Endure the winter's cold as well as he:
> For once, upon a raw and gusty day,
> The troubled Tiber chafing with her shores,
> Caesar said to me 'Darest thou, Cassius, now
> Leap in with me into this angry flood,
> And swim to yonder point?' Upon the word,
> Accoutred as I was, I plunged in
> And bade him follow; so indeed he did.
> The torrent roar'd, and we did buffet it
> With lusty sinews, throwing it aside
> And stemming it with hearts of controversy;
> But ere we could arrive the point proposed,
> Caesar cried 'Help me, Cassius, or I sink!'
> I, as Aeneas, our great ancestor,

> Did from the flames of Troy upon his shoulder
> The old Anchises bear, so from the waves of Tiber
> Did I the tired Caesar. And this man
> Is now become a god...

1 How is the character of Caesar presented in this passage? (We see two aspects of it.)

2 How does Cassius's character come across?

3 Explain the reference to Aeneas.

(g) The lines Quintus was writing when Orbilius spotted him (page 149 of your coursebook) are the beginning of a poem he actually wrote in later life. Read them aloud several times and try to feel their rhythm; then translate them:

> diffūgēre nivēs, redeunt iam grāmina campīs
>   arboribusque comae.
> mūtat terra vicēs, et dēcrēscentia rīpās
>   flūmina praetereunt.

diffūgēre = diffūgērunt
comae leaves
mūtat changes
vicēs seasons
dēcrēscentia decreasing, growing smaller (why are the rivers growing smaller?)

(h) Dialogus

Quintus has returned unhappily from school.

Quīntus: salvē, pater.
Flaccus: salvē, cāre fīlī. quid in lūdō hodiē fēcistī?
Quīntus: pater, valdē trīstis sum. Orbilius mē verberāvit.
Flaccus: cūr tē verberāvit Orbilius? num tē male gessistī?
Quīntus: Orbilius poēma Naeviī expōnēbat; ego eum nōn audiēbam quod poēma tam frīgidum erat.
Flaccus: Orbilium nōn audiēbās? quid faciēbās?
Quīntus: ego carmen ipse scrībēbam.
Flaccus: nōn rēctē faciēbās, fīlī. semper dēbēs magistrum audīre.
Quīntus: vēra dīcis, pater. Orbilium mē vīdit iussitque tabulam sibi trādere. ubi tabulam vīdit, valdē īrātus erat.
Flaccus: cūr tam īrātus erat Orbilius?
Quīntus: īrātus erat et quod versūs nōn rēctī erant et quod imāginem magistrī in tabulā scrīpseram.
Flaccus: ō Quīnte, valdē petulāns fuistī. Orbilium nōn culpō quod tē verberāvit.
Quīntus: ō pater, diū in illō lūdō mānsī. tempus est domum redīre.
Flaccus: vēra dīcis, fīlī. tempus est lūdō Orbiliī discēdere. iam iuvenis es. iam dēbēs togam virīlem sūmere et rhētoricae studēre.

verberāvit beat
num surely not
tē gessistī you behaved
frīgidum boring

ipse (my)self

scrībentem writing

imāginem a picture

petulāns naughty

rhētoricae rhetoric

CHAPTER XIX

(a) *Write out the accusative, genitive, dative and ablative of the following phrases:*

(i) haec spēs (singular) (ii) illī diēs (plural)

(b) *Translate the following verb forms:*

1 capiēbamus	7 fūgerunt	13 fēcī
2 cape	8 fugite	14 fac
3 capit	9 fugitis	15 fēcit
4 cēpit	10 fugimus	16 facit
5 capere	11 fūgimus	17 fēcerant
6 cēperāmus	12 fugiēbat	18 faciēbātis

(c) *Put the following phrases, consisting of noun + adjective, into (i) the genitive, (ii) the dative case:*

1 haec lēx

2 ille ōrātor

3 iter longum

4 poētae clārī

5 vōx magna

(d) *Describe in Latin what is happening in this picture:*

_____

_____

_____

_____

_____

(e) *Make up sentences in English to illustrate the meaning of the following words:*

liberate _____

vulnerable _____

prohibit _____

incendiary _____

capital _____

corporeal _____

(f) *What do you mean if you use the following expressions:*

et tū, Brūte? _____

vēnī, vīdī, vīcī _____

festīnā lentē _____

cavē canem _____

tempus fugit _____

ars longa, vīta brevis _____

labor omnia vincit _____

57

(g)

1. What is meant by the word 'irony'? What is ironical about the fact that Caesar fell dead beneath the statue of Pompey?

2. Why was the Senate meeting at Pompey's Theatre and not at the Senate House? (If you are stuck, you can find the answer on page 145 of your coursebook.)

3. What is the difference between assassination and murder? Do you think that assassination is ever justified? If so, when?

(h) Dialogus

Quintus tells his father about the riot in the forum.

Quīntus: pater, nōn potuī ad scholam Hēliodōrī pervenīre. vix tūtus domum ēvāsī.
Flaccus: quid accidit, fīlī? nārrā mihi omnia.
Quīntus: ubi ad forum advēnī, turbam ingentem vīdī, quae tōtum forum complēbat.
Flaccus: cūr convēnerat tanta turba? quid faciēbant hominēs?
Quīntus: ego gradūs templī ascendī, unde omnia spectāre poteram. magnam pompam vīdī; magistrātūs corpus Caesaris ad rōstra portābant.
Flaccus: dī immortālēs! cūr corpus Caesaris in forum tulerant?
Quīntus: deinde Antōnius rōstra ascendit ōrātiōnemque ad populum habuit. cīvēs ad furōrem excitāvit. omnēs clāmābant et saxa iaciēbant. corpus Caesaris prō rōstrīs cremāvērunt. ego ē forō ēvāsī domumque recurrī.
Flaccus: dī immortālēs! quid nunc futūrum est? cīvēs furunt. ubīque tumultus, ubīque perīcula. in urbe nōn possumus diūtius manēre. ego dēbeō Venusiam redīre, tū Athēnās nāvigāre, ubi philosophiae studēbis.

accidit happened
quae which
complēbat was filling

pompam procession

tulerant had carried

excitāvit roused
cremāvērunt burnt

futūrum going to happen
ubīque everywhere
diūtius any longer
studēbis you will study

CHAPTER XX

(a) *Give the future of the following verbs (singular only). For example:*

parāre   *parabo, parabis, parabit*

1 vocāre _____   5 facere _____

2 dormīre _____   6 lūdere _____

3 tenēre _____   7 accūsāre _____

4 pōnere _____   8 īre _____

(b) *Translate the following verb forms:*

1 timent _____   8 erimus _____   15 dīcēmus _____

2 timēbis _____   9 potuī _____   16 dīcimus _____

3 timuit _____   10 poterit _____   17 dīxerimus _____

4 timuerātis _____   11 dīcam _____   18 dīcit _____

5 timueritis _____   12 dīcēbam _____   19 dīxit _____

6 esse _____   13 dīxeram _____   20 dīcent _____

7 fuistī _____   14 dīc _____   21 dormiam _____

(c) *Put the verbs in brackets into the future (or future perfect) tense and translate:*

1 pater mē iubet Athēnās abīre; mox ad Graeciam _____ .
                                                    (nāvigō)

_____

2 pater mox domum _____ ; nam mātrem sorōremque dēbet cūrāre.
                      (redeō)

_____

59

3 ego, cum Athēnās _____ (adveniō), philosophiae _____ (studeō).

4 si dīligenter _____ (studeō), multa _____ (discō) et valdē doctus _____ (sum).

5 Hēliodōrus mox epistolam ad amīcum _____ (scrībit).

6 'cum Athēnās _____ (advenīs), hanc epistolam amīcō meō trāde.'

7 ille tē benignē _____ (accipit) et _____ (iuvat).

8 ego paterque hodiē ad portum _____ (īmus).

9 ibi nāvem _____ (quaerimus), quae ad Graeciam _____ (nāvigat).   **quae** which

10 'Quīnte, cum ā Graeciā domum _____ (redīs), et ego et māter et Argus tē laetī _____ (salūtāmus).'

(d) Make a list of people from your country who have been famous in five of the fields mentioned in the second and fourth paragraphs on page 174 of your coursebook (one person for each field).
Which of them would you say has made the greatest contribution to his or her own field? What do you feel have been your own country's main contributions to the world's civilization?

(e) This tests the grammar you have learnt in the coursebook. It's challenging. Best of luck!

Across
1 Of a boy (5)
4 To the sad people (9)
9 They cross (9)
10 I stayed (5)
11 Hold back (someone)! (6)
12 He believed (8)
14 We were sending (10)
16 Look!
19 Take!*(4)
20 By fear of the man (6,4)
22 We were present (8)
23 Have dinner, you! (4,2)
26 They were (5)
27 You will sleep (9)
28 Those mothers (6,3)
29 I was afraid (5)

Down
1 We were able (9)
2 They were (5)
3 (I killed the) innocent ** man (8)
4 Your thing (4)
5 Among the safe people (5,5)
6 To the timid*** man(6)
7 I taught well (4,5)
8 He will know (5)
13 The waves of the sea (5,5)
15 They had feared (9)
17 You snatched away (9)
18 They will have thrown (8)
21 The happy women (6)
22 To her (2,3)
24 The high thing (5)
25 Of anger (4)

* sūmō, sūmere   *** timidus–a–um
** īnsōns, īnsōntis

(f) Fābula scaenica

Persōnae: Flaccus, Quīntus, nauta prīmus, nauta secundus, magister nāvis.

Flaccus Quīntusque ad portum advēnērunt; nāvem quaerunt quae ad Graeciam nāvigātūra est. ad nautam accēdunt quī per viam ambulat.

quae which
nāvigātūra about to sail

Flaccus: dīc mihi, sī vīs, adestne in portū nāvis quae hodiē ad Graeciam nāvigātūra est?
nauta prīmus: paucae nāvēs ad Graeciam ab hōc portū rēctā nāvigant. dēbētis nāvem quaerere quae Puteolōs nāvigātūra est.
Quīntus: nōn Puteolōs īre volō, sed Athēnās.
nauta: nōlī tē vexāre, puer; cotīdiē multae nāvēs Puteolīs Athēnās iter faciunt.
Flaccus: sed ubi nāvem inveniēmus illūc nāvigātūram?

sī vīs if you will, please

rēctā straight

volō I want

61

nauta: venīte mēcum, amīcī. ego vōs dūcam ad nāvem quae hodiē illūc iter faciet.

nauta Flaccum Quīntumque ad parvam nāvem dūcit, quae nōn longē abest.

nauta: ecce, haec nāvis hodiē Puteolōs nāvigābit.

Quīntus: quid dīcis? valdē parva est nāvis. nāvis tam parva vix poterit iter tūtum per apertum mare facere.

nauta: nōlī timēre, amīce. nōn longum est iter. Puteolōs tūtus ante sōlis occāsum adveniēs. ecce, nauta ē nāvī festīnat.

Flaccus ad nautam secundum accēdit.

Flaccus: dīc mihi, sī vīs, haec nāvis Puteolōs nāvigātura est?

nauta secundus: nōn errās. ante sōlis occāsum illūc aderimus.

Flaccus: vīsne tū mē ad magistrum dūcere?

nauta: magister occupātus est. nōn licet eum vocāre.

Flaccus: sed necesse est eum vocāre. nam fīlius meus dēbet hodiē Puteolōs nāvigāre.

nauta: nōlī dēspērāre. ecce, magister ipse adest.

magister: *(clāmat)* omnia parāta sunt. in nāvem statim redī, nauta. tempus est nāvem solvere.

Flaccus: magister, redī. vīsne fīlium meum in nāvem accipere?

magister ad pontem redit.

magister: certē eum accipiam, sī mihi viāticum dederis.

Flaccus: grātiās tibi agō. quantum est viāticum?

magister: vīgintī dēnāriōs rogō.

Quīntus: *(susurrat)* pater, nimium rogat magister; nōlī eī vīgintī dēnāriōs dare.

Flaccus: nimium rogās, magister. nōn longum est iter. ego quīndecim dēnāriōs dabō.

magister: nōlī nūgās agere. omnēs viātōrēs vīgintī dēnāriōs dant. sed sī tam pauper es, volō quīndecim accipere.

Flaccus: gratiās tibi agō. valdē benignus es.

magister: festīnāte, statim enim nāvem solvam.

Flaccus, ubi argentum magistrō trādidit, ad fīlium sē vertit.

Flaccus: valē, cāre fīlī. cum Athēnās advēneris, epistolam statim nōbīs mitte. dīligenter studē. sine dubiō ōlim vir doctus eris et clārus. sed nōlī parentum immemor esse, quī tē semper amābunt. puer pius es. dī tē servābunt.

Quīntus: parentum numquam immemor erō. semper vōs amābō. cum prīmum Athēnās advēnerō, epistolam vōbīs mittam. et tū, cum domum redieris, salūtem dā mātrī Horātiaeque et Argō cum ōsculō.

Flaccus: nōlī lacrimāre, cāre fīlī; nōn semper aberis; paucīs annīs redieris et tōtam familiam laetus salūtābis. iam ego domum festīnāre dēbeō, tū nāvem cōnscendere. valē, fīlī cārissime.

Flaccus ōsculum Quīntō dat; sē vertit et in oppidum trīstis ambulat. Quīntus nāvem sōlus cōnscendit.

---

occāsum setting

vīsne will you?
licet it is allowed

ipse himself

solvere to cast off

pontem the gangway
viāticum fare

nimium too much

nūgās agere play the fool
viātōrēs passengers

ōlim some day
immemor forgetful
pius good

ōsculō a kiss